Problemas matemáticos
de hermanos

Restas con llevadas

1 Manuel está en el nivel 186 de Fortnite y en la anterior temporada llegó al nivel 149. ¿Cuántos niveles ha alcanzado más en esta temporada que en la anterior?

<u>Datos:</u>

<u>Solución:</u>

EDITORIAL WANCEULEN

2 Julia tenía un video con 237 visitas en su canal de YouTube y esta mañana al levantarse ha visto que tiene 348 visitas. ¿Cuántas visitas nuevas ha recibido?

Datos:

Solución:

Julia tenía 148 seguidores en TikTok y ahora tiene 216 seguidores. ¿Cuánto nuevos seguidores ha conseguido?

Datos:

Solución:

EDITORIAL WANCEULEN

Manuel quiere comprarse una nueva skin de Fortnite, le cuesta 800 pavos y tiene 1250 en su cuenta. ¿Cuántos pavos le quedarán si se compra la nueva skin que tanto le gusta?

Datos:

Solución:

Julia llevaba cuatro días sin encender su teléfono. Lo ha encendido y ha visto que tiene 432 mensajes sin leer. ¿Cuántos mensajes le quedan por leer si ha conseguido leer ya 246 mensajes?

Datos:

Solución:

EDITORIAL WANCEULEN

Manuel se ha leído 89 páginas de su libro de "Los Compas" y el libro tiene 166 páginas. ¿Cuántas páginas le faltan para acabar de leerse el libro?

Datos:

Solución:

Entre todas las jugadoras del equipo de balonmano de Julia han marcado 101 goles en la temporada. Julia ha marcado 15. ¿Cuántos goles han marcado sus compañeras?

Datos:

Solución:

8 Manuel ha conseguido pegar en su álbum de cromos de LaLiga 264 cromos y el álbum lleno tiene 455 cromos. ¿Cuántos cromos le faltan a Manuel para rellenar su álbum?

Datos:

Solución:

9 Manuel ha visto que en su cuenta de Fortnite tiene 2450 pavos porque su padre le ha ingresado pavos en la cuenta. ¿Cuántos pavos le ha ingresado si antes tenía 900?

Datos:

Solución:

Julia ha visto que en su agenda de teléfono tiene 265 contactos y el año pasado tenía 187. ¿Cuántos contactos nuevos ha añadido a su agenda?

Datos:

Solución:

Manuel y Julia han ido a comprar chucherías. Manuel se ha gastado 155 céntimos y entre los dos han pagado 305 céntimos. ¿Cuánto se ha gastado Julia en chucherías?

Datos:

Solución:

Julia está preparando un postre con su tía Manoli y ha añadido a la receta 185 gramos de harina y necesita añadir 350 gramos en total. ¿Cuántos gramos le faltan para completar la receta?

Datos:

Solución:

13 Julia tiene ahorrados 150 céntimos y quiere comprarse un pintauñas que cuesta 230 céntimos. ¿Cuántos céntimos le faltan para poder comprarse el pintauñas que le gusta?

Datos:

Solución:

14 Julia tenía en su cuenta 720 Robux y ha gastado en un personaje 350 Robux ¿Cuántos Robux le quedan en su cuenta de Roblox?

Datos:

Solución:

Julia y Manuel están viendo una película en Netflix y Manuel se ha dormido cuando llevaban 68 minutos viendo la película. La película dura 157 minutos. ¿Cuántos minutos se ha perdido Manuel de la película?

<u>Datos:</u>

<u>Solución:</u>

EDITORIAL WANCEULEN

16 Julia ha subido un video a TikTok y se ha hecho viral. El día que lo subió tenía 1.939 visitas y al día siguiente tenía 15.887 visitas en total. ¿Cuántas visitas tuvo al día siguiente?

Datos:

Solución:

17 Julia ha jugado esta temporada 906 minutos en su equipo de balonmano y la temporada pasada jugó 714 minutos. ¿Cuántos minutos más ha jugado esta temporada?

Datos:

Solución:

EDITORIAL WANCEULEN

18 Manuel tiene 2150 pavos en su cuenta de Fortnite y se ha comprado un nuevo baile por 200 pavos. ¿Cuántos pavos le quedan a Manuel en su cuenta?

Datos:

Solución:

19 Julia quiere comprarse en Shein unas camisetas y va a utilizar 325 puntos de su cuenta. ¿Cuántos puntos le quedarán si tenía 1212 puntos?

<u>Datos:</u>

<u>Solución:</u>

En la clase de Manuel han juntado, entre todos los alumnos, 285 tapones de plástico para una obra benéfica y tienen que juntar 480. ¿Cuántos tapones les faltan?

Datos:

Solución:

21 Julia quiere ir a Nueva York y tiene ahorrados 350€ y el viaje cuesta 1299€. ¿Cuánto dinero le falta para poder pagar su viaje?

Datos:

Solución:

22 Manuel ha ido a comprar chucherías, llevaba 240 céntimos y le han sobrado 162 céntimos. ¿Cuánto dinero se ha gastado Manuel en chucherías?

Datos:

Solución:

23 A Manuel le quedan 1850 pavos en su cuenta de Fortnite y tiene que comprar el pase de batalla de la nueva temporada que vale 950 pavos. ¿Cuántos pavos le quedarán si lo compra?

<u>Datos:</u>

<u>Solución:</u>

Manuel quiere ver una película en Netflix que dura 95 minutos y le quedan 180 minutos para irse a entrenar a balonmano. ¿Cuántos minutos le quedan para hacer los deberes?

24

Datos:

Solución:

25 Julia y Manuel han gastado en chucherías 425 céntimos. ¿Cuánto habrá gastado Manuel si Julia gastó 230 céntimos?

<u>Datos:</u>

<u>Solución:</u>

EDITORIAL WANCEULEN